Uwe H. Sültz

COMPACT CASSETTE REPORT

Black and white picture book

PHILIPS ONE-HOLE CASSETTE

vs.

PHILIPS COMPACT CASSETTE

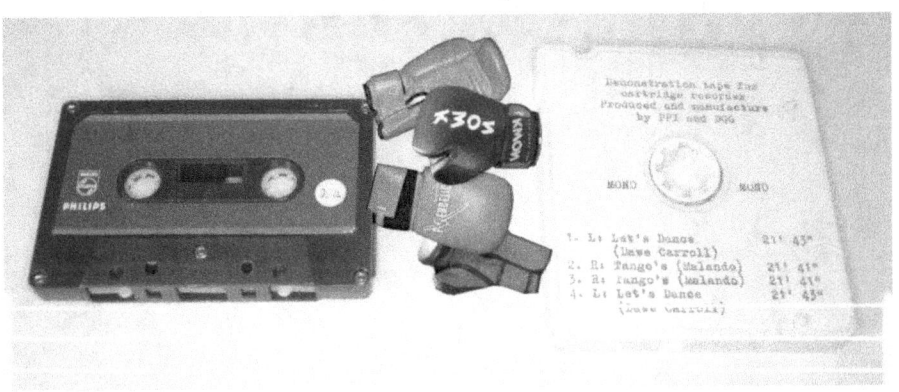

BoD - Books on Demand

Norderstedt 2017

Bibliografische Information durch die Deutsche Nationalbibliothek

Die Deutsche Nationalbibliothek verzeichnet diese Publikation in der Deutschen Nationalbibliografie; detaillierte bibliografische Daten sind im Internet über http://dnb.dnb.de abrufbar.

© 2017 Uwe H. Sültz

Herstellung und Verlag:

BoD – Books on Demand, Norderstedt

ISBN 9-78374-3-19081-8

Story:

It was probably like a crime thriller. The Americans knew nothing. The Japanese knew nothing about it. Not even the two works of PHILIPS in Vienna and the Belgian Hasselt knew anything from each other.

In Vienna they were working on a hi-fi single-hole system. With the single-hole cassette they had experience in the field of dictation systems. Now a high-quality system for private use should be developed. Among them were GRUNDIG, the PPI (PHILIPS Phonographic Industry) and the DGG (Deutsche Grammophon Gesellschaft). The tape was 3.81 mm wide, as was the two-hole system. This two-hole system was developed in Belgium by Lou Ottens. It all began in the early 1960s. A system should be presented for the radio exhibition in 1963.

The two-hole cassette had both coil winders in a compact housing. The single-hole cassette required a second winding reel. This was integrated into the device, which made it bigger. A withdrawal in the meantime was not possible. There was also no second page. The compact cassette was simply more compact. She had two game pages and a withdrawal was possible at any time.

Thus the PHILIPS management decided for the compact cassette. To be more international in the future, they were called Compact Cassette.

... and the winner is: THE COMPACT CASSETTE

NORELCO PHILIPS Compact Cassette - Type: Normal

Uwe H. Sültz - Compact Cassetten Bücher

NORELCO Compact Cassette - Type: Normal

Uwe H. Sültz - Compact Cassetten Bücher

Demonstration tape for
cartridge recorder
Produced and manufacture
by PPI and DGG

 MONO  MONO

1. L: Let's Dance   21' 43"
   (Dawe Carroll)
2. R: Tango's (Malando)   21' 41"
3. R: Tango's (Malando)   21' 41"
4. L: Let's Dance   21' 43"
   (Dawe Carroll)

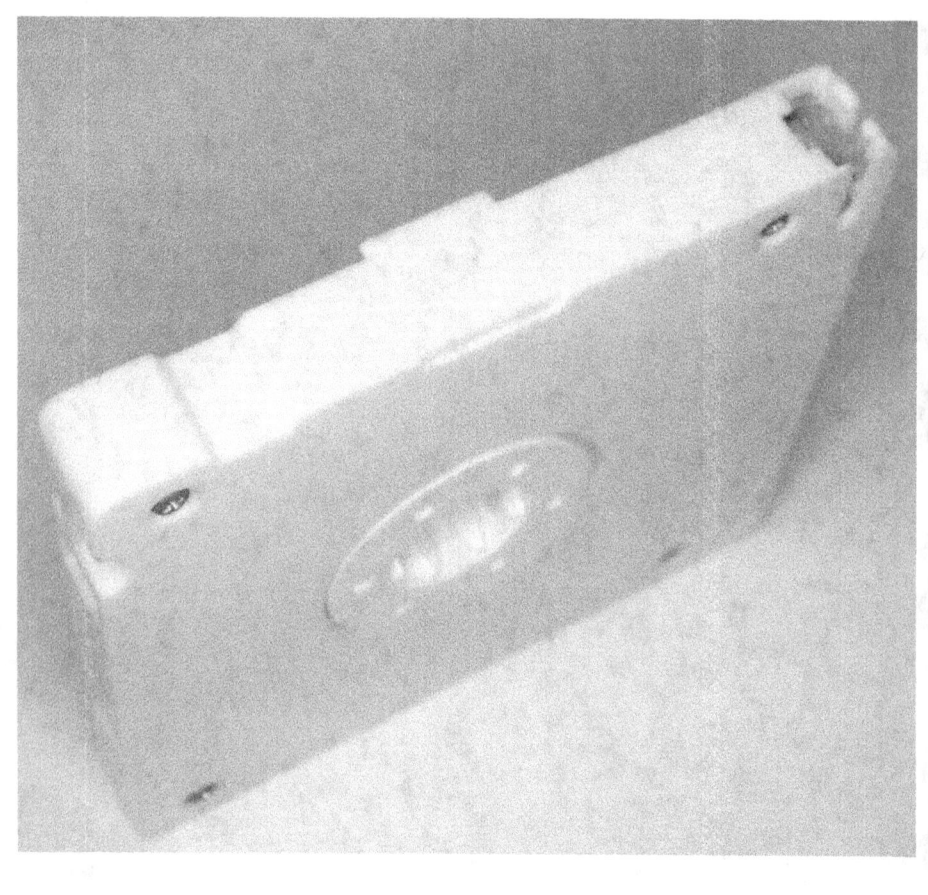

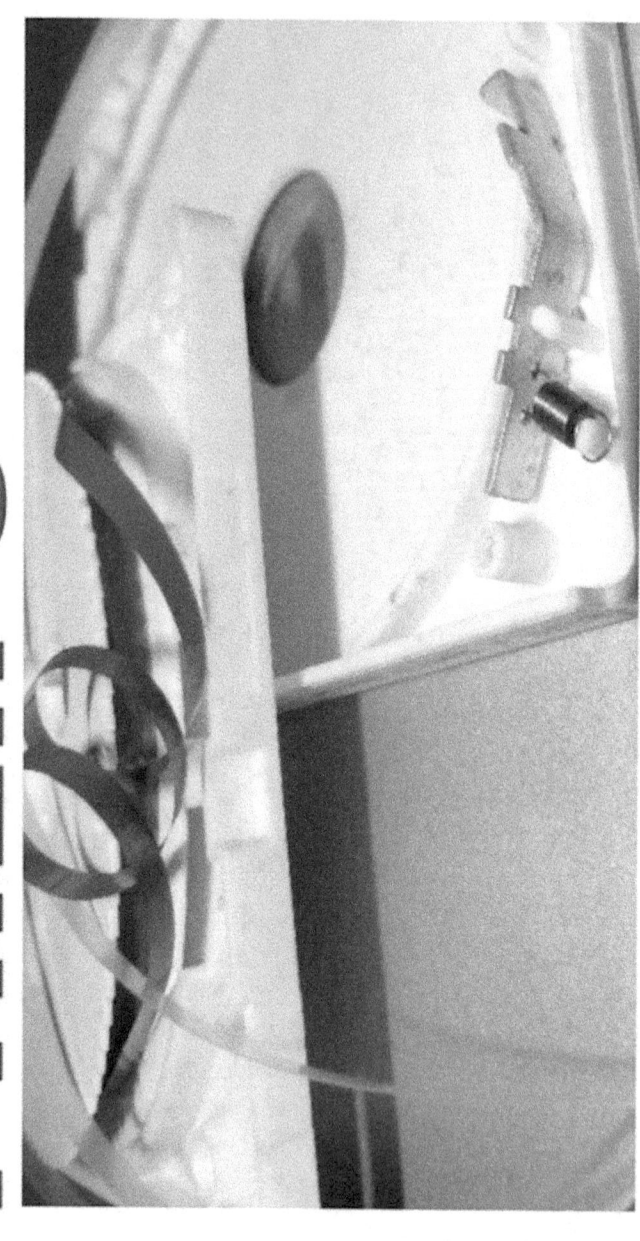

Die Einlochkassette aus dem Werk in Wien - 1962

PHILIPS

Uwe Heinz Sültz - Lünen - Germany

Die Einlochkassette aus dem Werk in Wien - 1962

PHILIPS

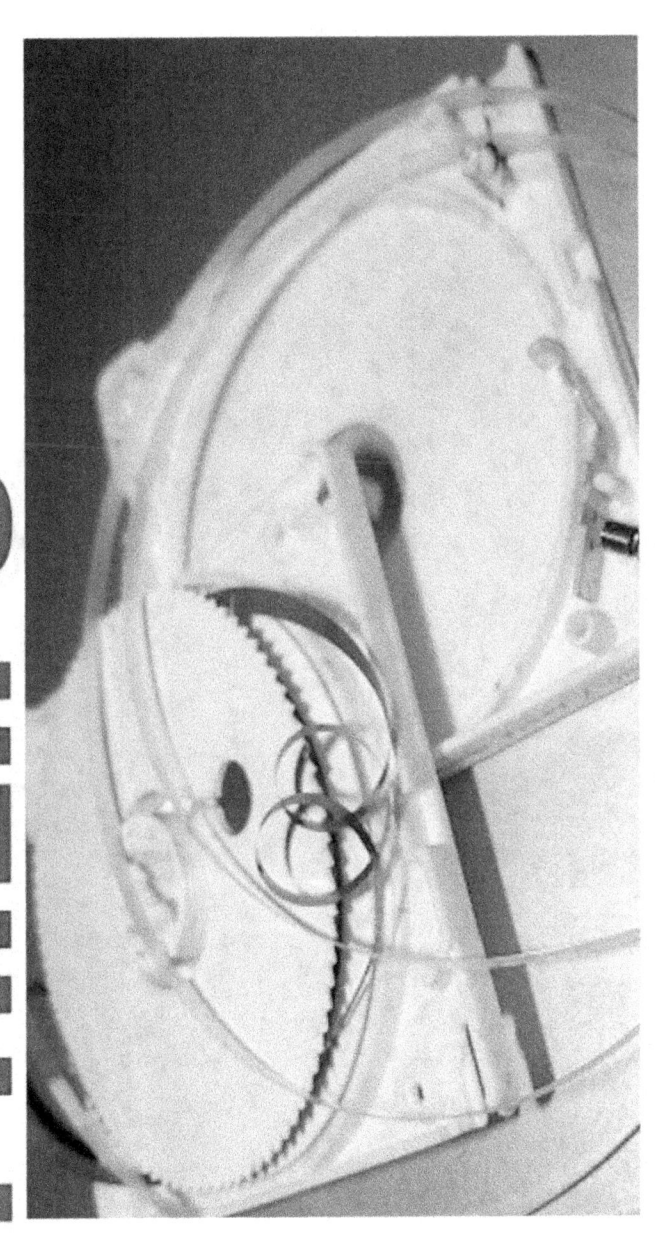

Uwe Heinz Sültz - Lünen - Germany

Die Einlochkassette aus dem Werk in Wien - 1962

PHILIPS

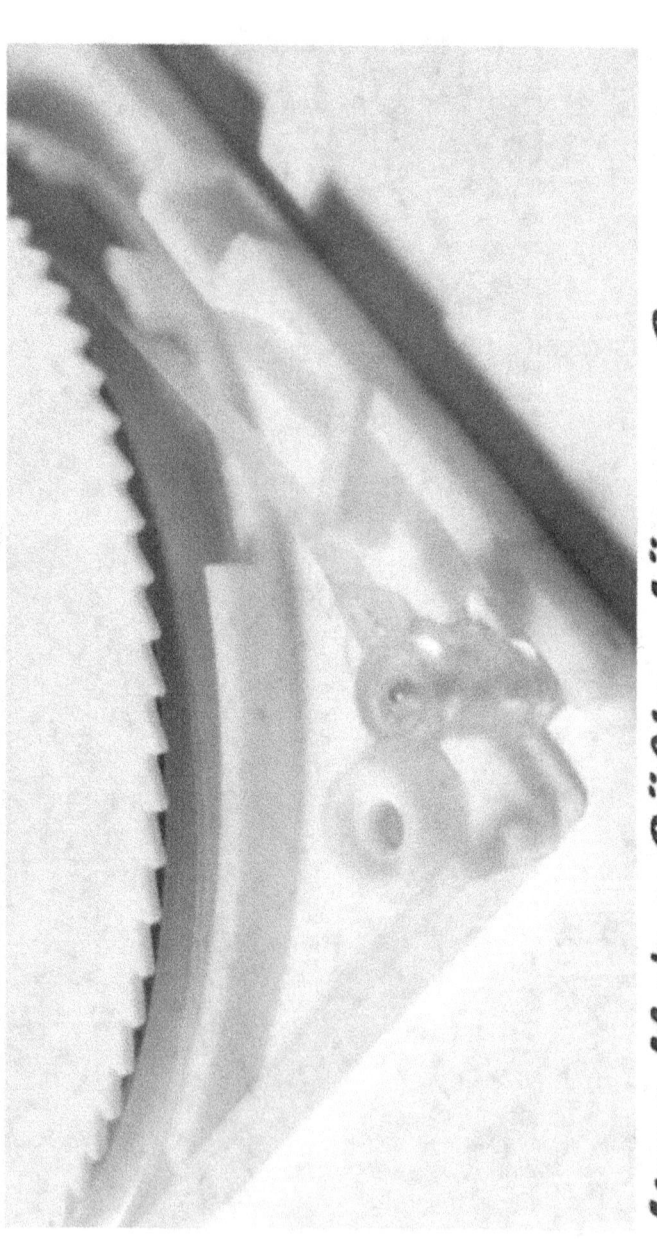

Uwe Heinz Süßtz - Lünen - Germany

Die Einlochkassette aus dem Werk in Wien - 1962

PHILIPS

Uwe Heinz Sültz - Lünen - Germany

PHILIPS

Die Einlochkassette aus dem Werk in Wien - 1962

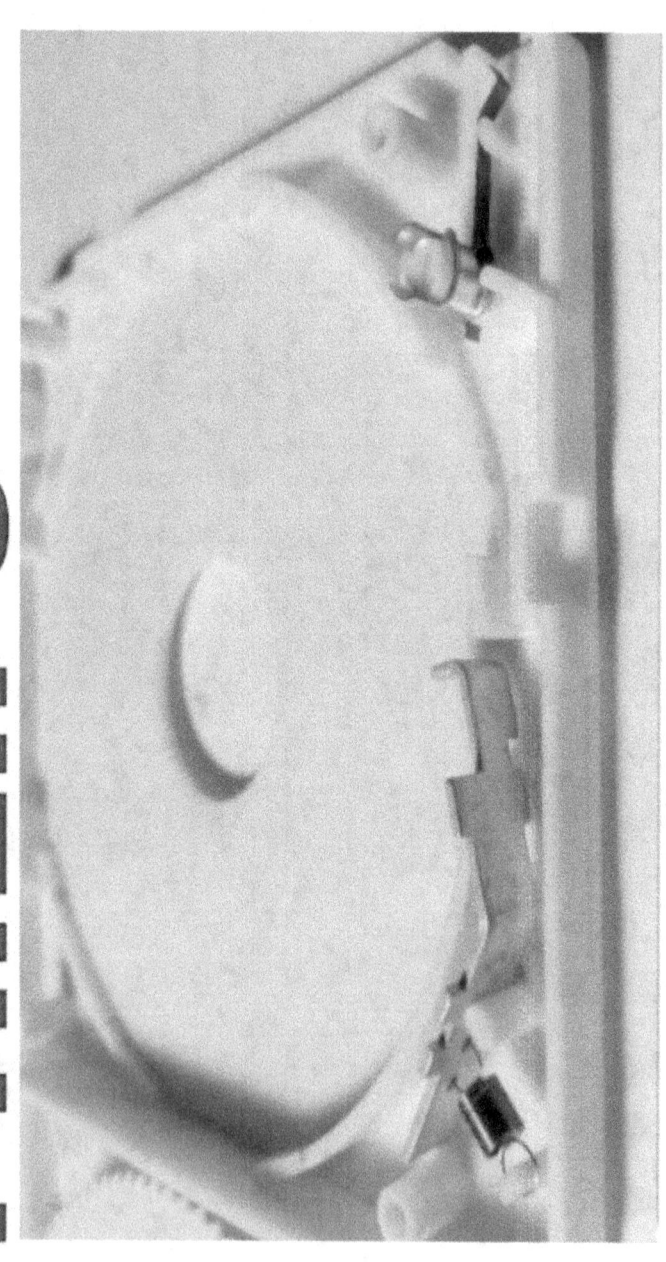

Uwe Heinz Süßltz - Lünen - Germany

Die Einlochkassette aus dem Werk in Wien - 1962

PHILIPS

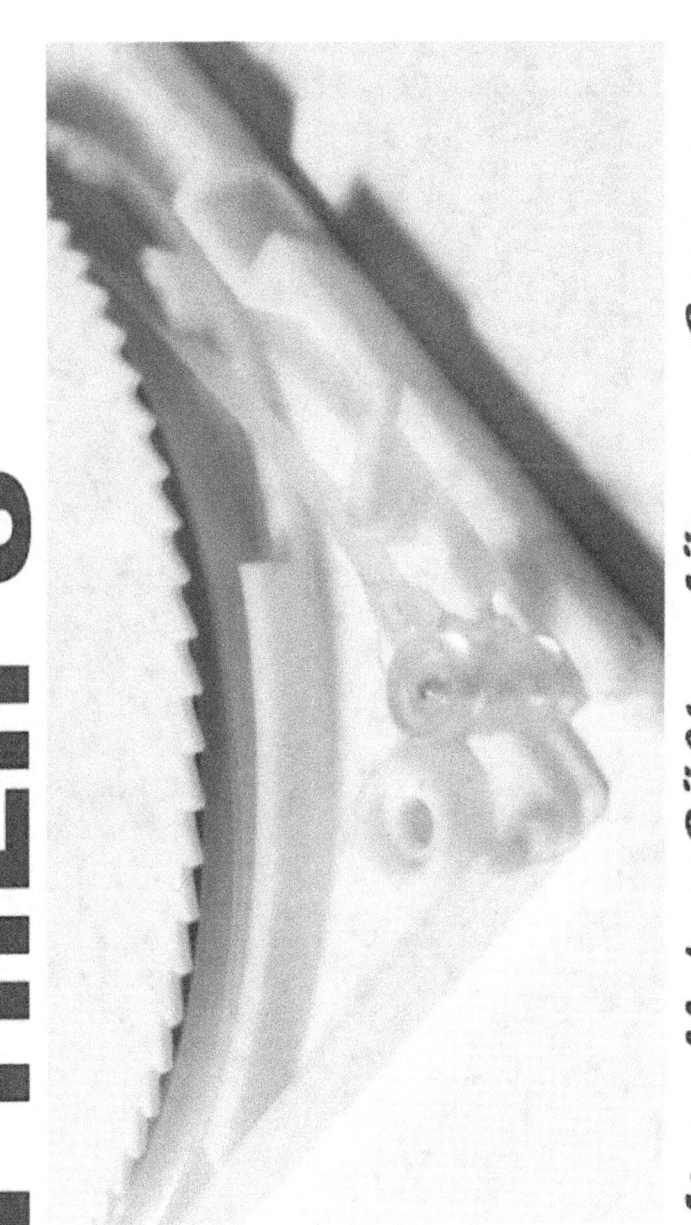

Uwe Heinz Sültz - Lünen - Germany

Die welterste Compact Cassette aus dem Jahr 1963:

PHILIPS EL 1903

Uwe Heinz Sültz - Lünen - Germany

Die welterste Compact Cassette aus dem Jahr 1963:

PHILIPS EL 1903

Uwe Heinz Süßtz - Lünen - Germany

Die welterste Compact Cassette aus dem Jahr 1963:

PHILIPS EL 1903

Uwe Heinz Sültz - Lünen - Germany

Uwe A. Schatz
Lünen
Germany

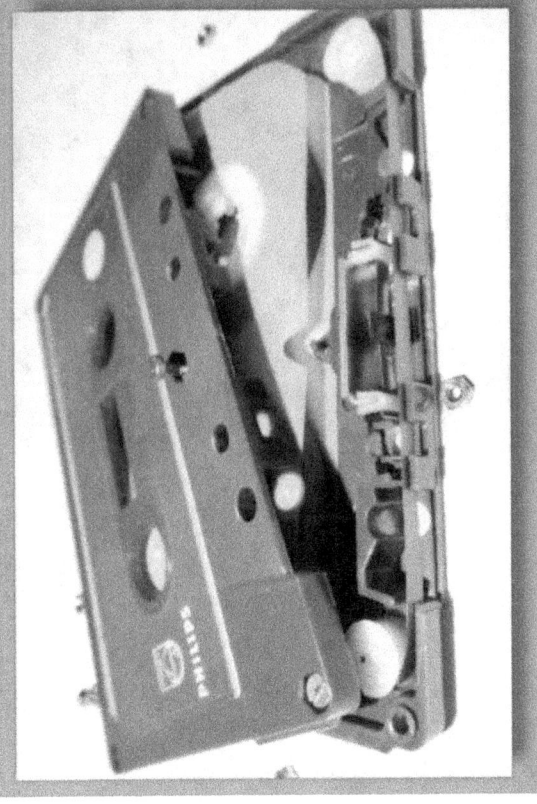

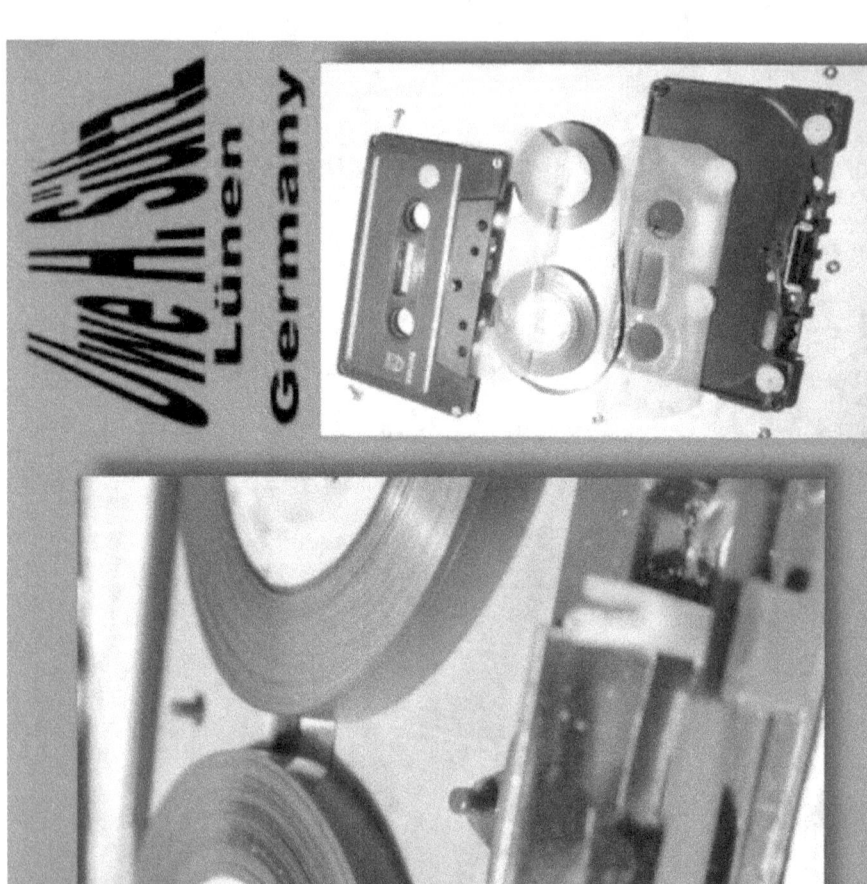

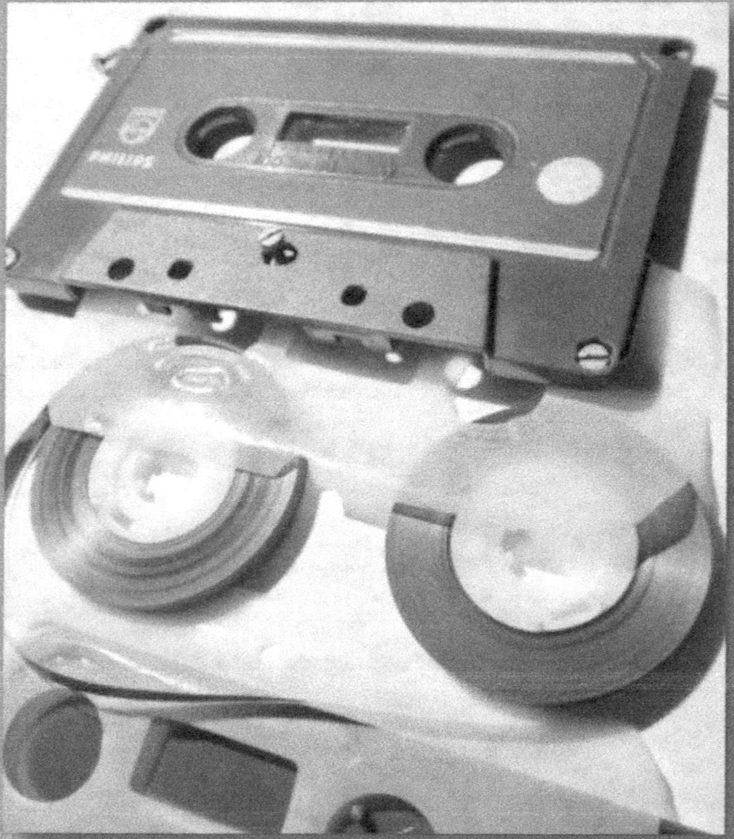

Uwe H. Sültz

Lünen

Germany

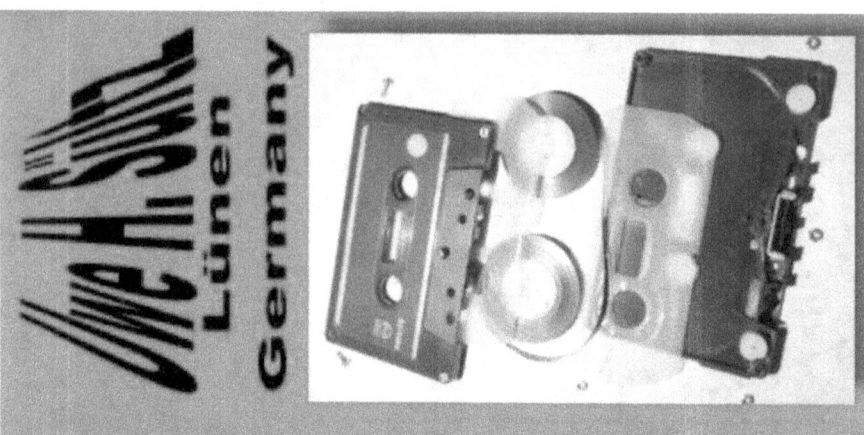

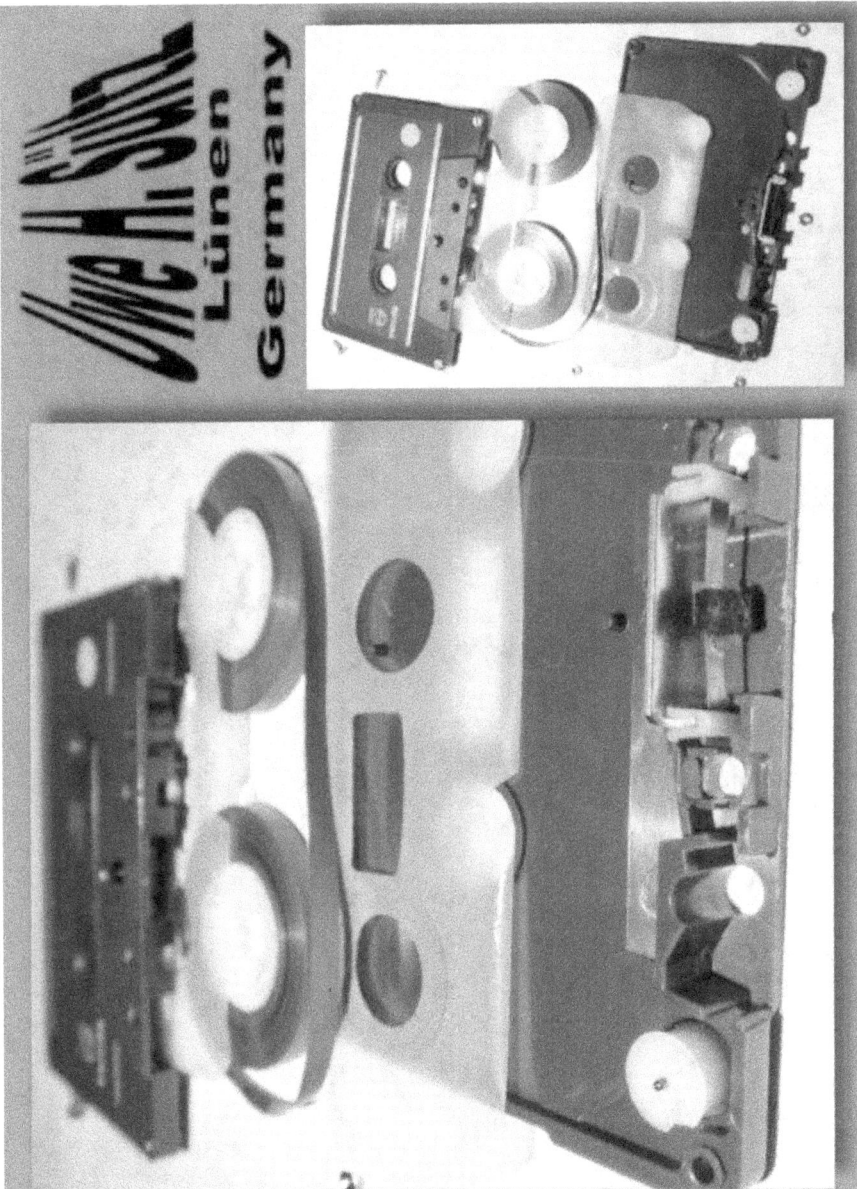

Über mich:

Mein Name ist Uwe H. Sültz. 1960 kam ich auf diese Welt. Wahrscheinlich erhielt Lou Ottens gerade den Auftrag für die Konstruktion eines Taschen-Recorders. Vielleicht ging er gerade durch den Wald und fand ein Holzstück, das in seine Jackentasche passte, nach dessen Größe er den zukünftigen Compact-Cassetten-Recorder konstruierte. Bei der weltersten Vorstellung 1963 auf der Internationale Funkausstellung war mein Vater dabei und machte eine der ersten Aufnahmen mit dem Recorder PHILIPS EL 3300 auf der Compact-Cassette EL 1903. Diese Cassette bekam ich 1971 in die Hände, ebenso Vaters EL 3300. Er wechselte auf STEREO und CHROM. Der Funke sprang bei mir über. In Vaters Geschäft hatte ich dann die Möglichkeit viele Cassetten und Recorder zu testen. Ich wechselte dann den Beruf, blieb der Technik aber treu. Heute bin ich Autor und Journalist. Bei meinen weiteren Recherchen zum Thema COMPACT-CASSETTEN lernte ich dann einen Entwickler der Einloch-Kassette aus dem Werk in Wien kennen. Übrigens finden Sie die erste Aufnahme von der Funkausstellung bei YouTube (erste historische Tonaufnahme Sültz Philips).

Viel Freude bei diesem Hobby wünscht Uwe H. Sültz

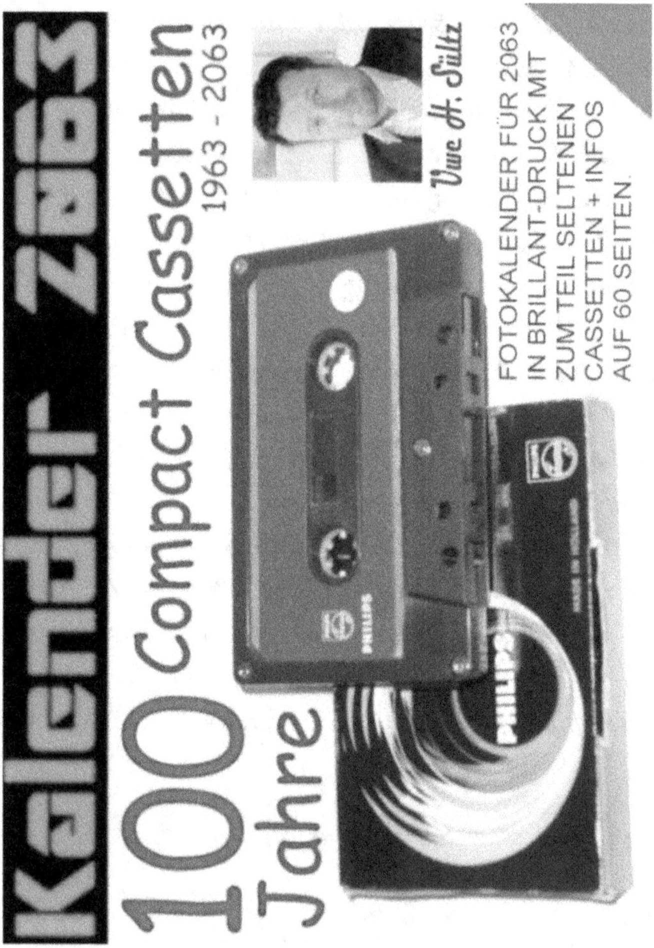

Weitere Bücher über Compact-Cassetten, Recorder, Kochbücher,
Science-Fiction, Krimis, Gesundheitsbücher, Tagebücher und
Kinderbücher gibt es bei AMAZON, Ebay, bei weiteren vielen
Buchshops im Internet rund um die Welt.

Compact Cassetten REPORT

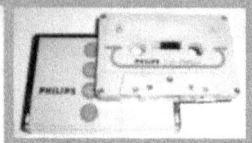
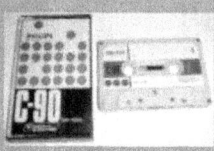

Sültz Bücher

Teil 1: **PHILIPS 1963 - 1999**

Sammeln - Tipps - Kaufberatung - Geschichte

Uwe H. Sültz
Compact Cassetten Bücher

Compact Cassetten Recorder
REPORT

Uwe H. Sültz

- O Neuaufbau eines PHILIPS EL 3302 O Gedichte
- O Einstellarbeiten am EL 3302 O Service Hilfen
- O Geräte mit EL 33XX Chassis O Einlochkassette
- O EL 3300 erste & zweite Ausführung O Geschichten

www.ingramcontent.com/pod-product-compliance
Lightning Source LLC
Chambersburg PA
CBHW071201240526
45470CB00017B/1226